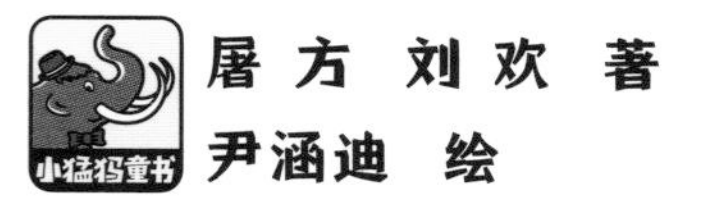

屠方 刘欢 著
尹涵迪 绘

你好，中国的房子

哈尼族的蘑菇房

電子工業出版社
Publishing House of Electronics Industry
北京·BEIJING

哈尼族是我国西南边疆一个具有悠久历史的少数民族，主要聚居在云南省红河哈尼族彝族自治州、玉溪市、普洱市和西双版纳傣族自治州等地。

哈尼族流传着一个美丽的故事：他们的祖先是从遥远的北方圣地努玛阿美迁徙而来的。在南迁的路途中，他们的祖先曾居住在谷哈和惹罗，最后到达并定居在今天的云南省西南部。

在云南哀牢山海拔1000至2000米的半山腰上，哈尼族人建立起一座座村寨。哈尼族寨子头枕“寨神林”，周边环绕着棕榈、竹子、芭蕉、梨树、李树和桃树等。站在村寨里，极目远眺，哈尼梯田从河谷一直延伸到山顶，仿佛在天地之间架起了一座天梯，宛若人间仙境。

哈尼族村寨是嵌入自然之中的人文美景，与周边的景色和谐地融合在一起。

哈尼族寨子里的民居一般是三层土木结构的楼房，屋顶盖成了圆形，上面覆盖着茅草，远远看去，像一个个生长在山中的蘑菇。这些房子就是哈尼族富有特色的民居——蘑菇房。

哈尼族人为什么要把房子建成蘑菇的形状呢?

传说在古时候，哈尼族人生活困苦，只能住在条件极差的山洞里。后来族人不断向南迁移，他们来到了一个叫作惹罗的地方。惹罗漫山遍野生长着大朵大朵的蘑菇。这些蘑菇不怕风吹雨打，骄傲地挺立着，还能为小虫子撑起一片晴空。

哈尼族人借鉴蘑菇的形状，建造了自己的屋子，这就是蘑菇房。

在正式开始建蘑菇房之前，哈尼族人要进行严格的选寨仪式，选择合适的寨址。哈尼族人先要请祭祀活动的主持者贝玛占卜鸡骨卦，挑选适合建寨的良辰吉日和地点。

哈尼族人认为狗血具有驱邪的能力，把狗血洒在土地上可以驱赶豹子、豺狼等野兽。

在选寨仪式的最后一步，几位品德高尚的老族人在选好的寨址处把九粒谷子分成三组埋进土里，再埋下一对鸡骨卦。

三组谷子，一组代表人，一组代表牲畜，一组代表庄稼。过几天，老族人会来查看谷子的状况，如果发现鸡骨不变色，并且谷子发芽了，就说明这个地方适宜居住。这时候，哈尼族人就会开始建造寨子。

造蘑菇房是建寨的重要组成部分。蘑菇房的墙基用石料或砖块砌成，地上地下各有半米。再用夹板将土压实成块，垒成主体墙。

墙身完成之后，就要建屋顶。屋顶是蘑菇房与哈尼族其他建筑类型——土掌房、干栏式民居和封合式瓦房区别最大的地方。

蘑菇房的屋顶用多层茅草遮盖成四斜面，斜面不是笔直的，而是有弧度的。四面拱起的屋顶让整个蘑菇房看起来圆滚滚的，像一个巨大的蘑菇。

蘑菇房通常由正房、前廊和耳房组成。前廊与正房的前墙相接，耳房与正房一侧相连；前廊与耳房顶部为坚实的泥土晒台，既可以休憩纳凉，又可以晾晒衣服或谷物，还是妇女纺织等生产活动的重要场所。

蘑菇房的正房分为三层，中层全部用土坯砌筑，然后在四米高处再铺盖茅草顶。中层顶部至屋顶的这个空间是蘑菇房的顶层，哈尼族人称为封火楼。封火楼通常用木板隔开，用以贮藏粮食、瓜豆等哈尼族人的日常口粮。

封火楼除了贮藏粮食，还有一个重要的作用。哈尼族的年轻男女到了适婚的年纪，会来到封火楼里谈情说爱，封火楼是他们约会的美好空间。因此，哈尼族的封火楼里发生过很多美好的爱情故事。

蘑菇房的中层会用木板隔成左、中、右三间，中间设一个常年生火的方形火塘。火塘边是哈尼族人生活的重要场所。客人来了，主人会请客人坐在火塘边上吸上一口水烟筒，饮上一杯糯米香茶，喝上一碗焖锅酒。

有时候，主人还会用嘹亮的歌喉献歌一曲，向客人致以美好的祝福。

十一月
16
2016

蘑菇房的底层用来圈养牲畜和堆放农具。哈尼族人主要饲养水牛、黄牛、狗等牲畜，个别家庭也会养猪、马和羊。一般家庭会养三五头牛，多者十余头。

牲畜对于哈尼族人来说有着非常重要的意义。哈尼族是山地农业民族，牲畜主要用于犁耙、驮运、宰祭或出售。在盖房、迁居的时候，也要杀猪宰鸡，用来祈求福寿、招待宾客。

哈尼族的传统耳房分一层式和两层式两种。两层的耳房，一层会做猪圈或者马厩，二层则由家中未婚的青年男女居住，是男女青年婚前的重要社交场所。

蘑菇房建造完成后，哈尼族人要举行拥达达仪式。寨子里一位德高望重的长者用饭盒端着一个鸡蛋和少许糯米饭率先登楼，后面跟着一群端着铁三脚架和炊具的年轻人。

人们进入楼房后，长者将三脚架支在火塘上，寓意光明之神进入新房。然后，长者剥开鸡蛋拌在糯米饭里，分给来道贺的宾客吃。最后，雅习（歌手）会唱起赞歌。

在蘑菇房里，哈尼族人过着幸福的生活。每年初春，黄饭花盛开的时候，标志着春耕开始的哈尼族节日——浩奢扎即将到来。每到此时，家家户户要烹制黄糯米饭。黄糯米饭是用黄饭花的汁液浸泡糯米后蒸制而成的，是哈尼族人非常喜爱的食物。

蘑菇房经久耐用，冬暖夏凉，在我国民居文化中独树一帜。

在峻秀的山峦之中，云海和梯田环绕着蘑菇房，伴随着哈尼族人的日常劳作，构成了哈尼族美丽动人的山乡景象。

图书在版编目（CIP）数据
你好，中国的房子. 哈尼族的蘑菇房 / 屠方, 刘欢著 ; 尹涵迪绘. -- 北京 : 电子工业出版社, 2022.7
ISBN 978-7-121-43489-1

Ⅰ. ①你… Ⅱ. ①屠… ②刘… ③尹… Ⅲ. ①哈尼族－民居－建筑艺术－中国－少儿读物 Ⅳ. ①TU241.5-49

中国版本图书馆CIP数据核字（2022）第085045号

责任编辑：朱思霖
印　　刷：北京瑞禾彩色印刷有限公司
装　　订：北京瑞禾彩色印刷有限公司
出版发行：电子工业出版社
　　　　　北京市海淀区万寿路173信箱　邮编：100036
开　　本：889×1194　1/16　印张：22.5　字数：97.25千字
版　　次：2022年7月第1版
印　　次：2023年5月第4次印刷
定　　价：200.00元（全10册）

凡所购买电子工业出版社图书有缺损问题，请向购买书店调换。若书店售缺，请与本社发行部联系，联系及邮购电话：（010）88254888，88258888。
质量投诉请发邮件至zlts@phei.com.cn，盗版侵权举报请发邮件至dbqq@phei.com.cn。
本书咨询联系方式：（010）88254161转1859，zhusl@phei.com.cn。